처마 끝 풍경이
내게 물었다

그곳에는
아무것도 하지
않아도 되는
자유가 있다

배중훈 템플드로잉 에세이

처마 끝 풍경이
내게 물었다

담앤북스

__ 일러두기

이 책에는 '증강현실(현실세계에 3차원 가상물체를 겹쳐 보여주는 기술)'이 적용된 그림이
일부 삽입되어 있습니다. 아래 QR코드를 통해 어플을 다운받고 실행시킨 후,
카메라 렌즈를 통해 그림을 비추면 색다르게 변신한 그림을 경험하실 수 있습니다.

'Artivive' 어플 설치 링크

IOS   Android

증강현실이 적용된 그림이 삽입된 페이지

144~145p
146p
155p
158p
169p

관광객이 모두 빠져나간 후 절에 남아 마당을 걸어본 일이 있나요?
절집의 모든 것이 더 편안하고 고요해지는 시간입니다.
천천히 마당을 걷다 보면 전각과 계단, 돌담, 탑의 구석구석에
요정처럼 숨어 있던 작고 귀한 것들이 눈에 들어옵니다.
강렬한 햇빛으로 보이지 않던 마애불의 표정이 드러나고,
석탑에 새겨진 비천상이 두드러집니다. 문손잡이를 장식한
연꽃 문양이 선명해지고, 계단 옆 돌수반에 핀 연꽃이
더 붉어집니다. 비슷비슷해 보이는 사찰의 숨겨진 아름다움을
만나는 즐거움이 있습니다.

그 즐거움을 찾아 한 달에 한 번, 카메라와 그림 도구를 준비해서
사찰을 그리는 여행을 다닌 지 어느새 2년 6개월이 지났습니다.
그리 열심히 다녔지만 이제 겨우 30여 곳을 다녀왔을 뿐입니다.
스스로 세운 목표가 100곳의 사찰 드로잉인데 모두 채우려면
앞으로 6년 정도의 시간이 더 필요합니다. 사찰은 유행에 따라
허물어지고 새로 짓는 공간이 아니기에 더 오랜 시간이 걸려도
그 자리에 그 모습으로 기다리고 있으니 공간의 변화를 걱정할
일은 없어 좋습니다.

절집의 시간은 느려서 참 좋습니다. 24시간이 부족하게
사는 제게 바빠서 잊고 있던 것들을 볼 수 있게 하고 들을
수 있게 합니다. 조급한 마음은 일주문을 통과하는 순간
사라지고 없습니다. 걸음은 자연스럽게 느려지고 평소
살펴보지 않던 나무와 바위, 흙, 그리고 작은 벌레까지
눈에 들어옵니다. 새소리가 이렇게나 다양했는지, 풀벌레
소리가 얼마나 마음을 편하게 만드는지, 돌을 스치며
흘러가는 냇물 소리가 얼마나 경쾌한지 알게 됩니다.
오늘 알게 된 것을 내일 절을 나서는 순간 잊겠지만,
언제든 일주문에 들어서면 긴 잠을 자다 스르르 깨어난
것처럼 보고, 듣고, 느끼게 됩니다. 어쩌면 부처님이 부리는
마법일지도 모른다는 생각이 듭니다. 그렇게 무뎌졌던
감각이 모두 살아나면 그리고 싶은 대상이 너무 많아져서
탈이지요.

방에 앉아 온통 까만 밤이 내려앉은 마당을 내다보고 있으면
우주로 나간 기분이 이런 것일까 상상하게 됩니다. 혼자만 불을
밝힌 우주선을 타고 둥둥 떠다니는 기분이요. 그렇게 따뜻한
방바닥에 엎드려 사각사각 그림을 그리다 어느새 잠이 듭니다.
제가 사찰 드로잉에서 가장 좋아하는 순간이 바로 이때입니다.

답답한 일상에서 휴식이 필요할 때 여러분도 작은 노트와 펜을
준비해서 가까운 절을 찾아가세요. 아담한 공간에 앉아 눈에
들어오는 소소한 풍경을 관찰하고 그림으로 담아보세요.
어쩌면 낮에도 우주를 여행하는 경험을 하게 될지 모릅니다.

템플스케쳐 배종훈

처마 끝
풍경이
내게 물었다

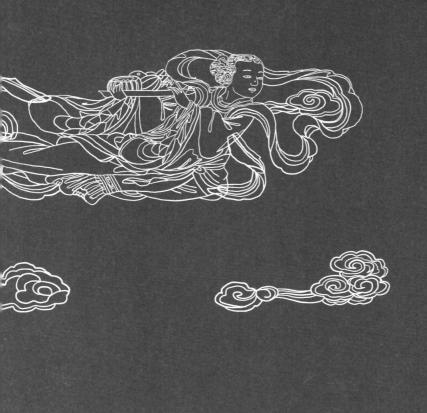

부처님
마음을 닮은
그곳

별이 쏟아지는 봄밤

공주 마곡사

봄에는 마곡사가 늘 먼저 떠오른다. 올해도 봄기운이
스며들고 있는 절집에 가서 그림을 그려와야겠다는
생각에 마음은 이미 공주로 달려가고 있었다.
아무것도 하지 않은 채 그냥 절 마당 어딘가에 자리를
잡고 짙은 푸른 밤 위를 가득 채운 별을 보고 싶었다.
하지만 눈을 감으면 한 번에 날아가는 마곡사와는
달리 밤길에 차를 몰고 가야 하는 마곡사는 다른
곳이었다. 내비게이션은 실시간 빠른 길이라며
가로등도 뜸한 국도길을 안내했다. 어두운 숲길을
두 발로 걷는 속도보다 느리게 네 발로 기어갔다.

짐을 풀고 대웅보전 앞마당에 카메라를
들고나가 자리를 잡고 별을 담았다.
상상으로 한 번에 날아올 수 있었던
별이 가득한 마곡사는 무심한 듯
웃으며 눈을 감고 있었다.

예불 시간. 스님의 독경이 끝나자 죽비 소리에
맞춰 모두 참선에 든다. 적멸의 시간이다.
법당을 이룬 목재들이 내는 삐걱삐걱,
두런두런, 들썩들썩 소리도 적멸의 순간
모두 숨을 죽이고 있었다.

참선에 드는데 갑자기 마음속이
혼란스러워진다. 여기저기 숨겨둔 마음이
일순간에 다 일어서는 것 같이 가슴이
답답했고, 세상에서 나 혼자 소음을 만들어
내고 있는 것 같았다. 마치 대리석 바닥에
유리구슬 한 통을 몽땅 쏟아버리고는 어쩔 줄
몰라 하는 사람이 된 기분이랄까. 나를 제외한
모든 이들이 같은 생각, 같은 행동을 하고 있을
때 홀로 답답해하며 느끼는 소란한 고독함을
또 마주쳤다.

하지만 그 고독을 견디고 즐겨서 내가 지금
이 자리에 이렇게 앉아 있지 않은가.

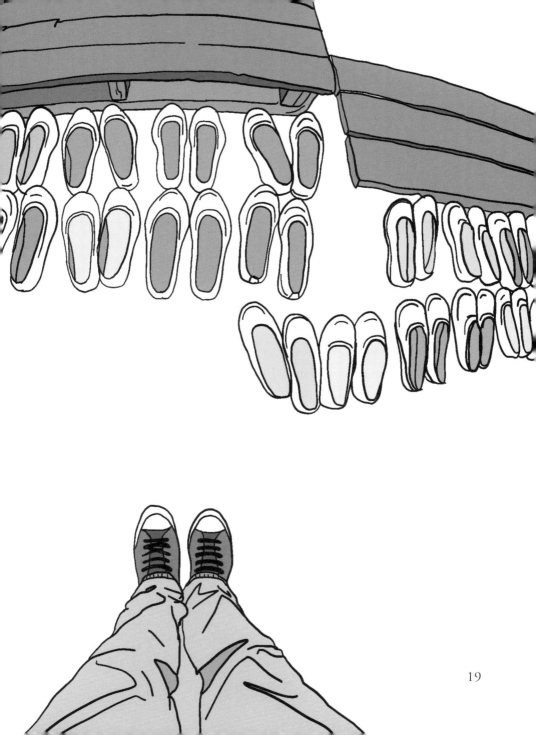

새벽, 해우소를 다녀오는 길.
안개로 덮인 길을 걷다가
마음을 바꿔 가벼운 산책을 했다.
푸르스름한 달이 아직 하늘에 떠 있다.
'제가 여기 계신 달님 보러 이렇게
왔습니다.'라고 하니 달은 희미하게 웃으며
진해지는 하늘 너머로 사라졌다.

인기척이 느껴지는 법당 안을 살며시
들여다보니 노보살이 양초에 불을 밝히고
혼자 합장을 하고 있었다. 들어설까 잠시
주춤하다 이내 돌아섰다. 언젠가 아무도
없이 홀로 있고 싶던 그 마음이 날 붙들어
돌려세운 것이다.

21

나는 사찰에 있는 오래된 석물과 빛이 바랜 탱화를 좋아한다.
부서지거나 닳은 석물과 탱화는 곧 절이 품고 있는 시간을
말해주기 때문이다.

부처의 얼굴이 남아 있지 않은 석불, 흐릿한 연꽃 문양,
날개의 일부만 남은 비천상, 색이 바랜 사천상을 보면서
그 자리에 있었을 과거의 시간을 상상하고 내 마음대로
그 모습을 그려 넣는다.

벽에 그려진 사천왕 탱화에 가만히 손을 올려본다.
차가운 돌의 기운이 손을 타고 가슴을 시원하게 하는 것 같았다.

소소하게 삶의 울림을 노래하는 절

파주 보광사

비스듬한 빛이 내리쬐는 오후 무영탑그림자가 없는 탑이 지장전 앞에 서 있다. 무수한 그림자들로 절 마당이 어지러워지는 시간에 그림자를 만들지 않는 탑이 그 중심에 서 있는 것은 어떤 뜻일까 혼자 생각에 빠져들었다.

탑은 부처다. 허물 많은 중생들 사이에서 끊임없는 자기 성찰로 어느 방향으로도 그림자가 생기지 않는 존재, 주변의 본보기가 되는 삶의 길을 보여주는 존재가 부처이고 무영탑이 아닐까?

사찰마다 구조는 거의 비슷비슷하다.
일주문을 지나 천왕문, 해탈문이 있고 그 안에
부처님과 보살, 나한을 모신 전각들이 배치되어 있다.
어찌 보면 '그 절이 그 절이다.'라는 말이 틀린 이야긴
아니지만, 눈을 크게 뜨고 구석구석을 살피면 부처님의
세상을 표현한 사람들의 정성과 기발함에 즐거워진다.
보통은 지나치기 쉬운 작은 화단, 큰 탑 아래 작은
석물들, 전각의 계단 옆으로 놓인 돌수반을 살펴보자.
무심코 지나치기 쉬운 소소한 공간을 정성스럽게
가꾸는 절집 사람들의 마음이 그 자리에 크고 예쁘게
놓여 있다.

세상 모든 곳에 빛을 비추는 부처님의 마음을 닮은
사람들이 사는 곳이기에 그렇다.

살랑살랑한 산바람에 처마마다 걸린 풍경이 맑은 소리를 냈다.
연꽃 모양으로 만들어진 풍경이 파란 하늘 위에서 흔들리는
순간, 하늘은 연못이 되었다. 소리를 내는 연꽃이라니!

느긋한 걸음으로 지장전과 원통전 사이로 난 길을 따라
남쪽 담장 문으로 나가니 개울의 낭랑한 소리가 옆구리로
끼어들었다. 비탈길을 조금 오르니 전나무 쉼터라는 표지가
나타났다. 곧게 뻗어 하늘을 가린 창창한 전나무 숲은 절의
든든한 울타리이자 부처님의 말씀을 듣고 자란 수행자들의
모습처럼 보였다. 숲으로 들어서 나무들 사이를 걷다가
무심하게 놓인 벤치에 앉았다. 담장 하나를 사이에 두고
산문山門 안과 밖이 다른 온도를 갖고 있었다. 한참을 앉아
있다가 담장 너머가 궁금해 다시 산문으로 들어섰다.

푸르고, 희고, 붉은 찰나의 시간

서산 개심사

주말이면 자동차로 주차장이 되는 서해안고속도로도
서해대교를 지나 당진을 넘어서면 여유 있는 속도를
회복하는데, 오늘처럼 폭설이 내리는 날은 길이 열려
있어도 달릴 수 없다. 눈 걱정에 거북이 속도로 가면서도
서산IC를 빠져나와 개심사 방향 이정표를 보고는 마음이
차분해졌다. 어쩌면 하얗게 내린 눈 덕분인지도 모르겠다.

작은 대관령 같은 느낌의 서산목장도 온통 눈 세상이었다.
목장 길이 길게 펼쳐진 국도변에 잠시 자동차를 세우고
길을 따라 걸으니 언덕을 덮은 겨울빛에 나른해졌다.
다시 차를 몰아 달리면 신창저수지의 푸른색을 만날 수 있다.
쏟아지는 눈과 푸르고 고요한 저수지는 눈꽃으로 경내를
가득 메우고 있는 개심사를 만나기 전 애피타이저와도
같았다.

눈을 이고서, 종이에 오일파스텔, 50cm×33cm, 2019

개심사는 서산시 운산면 상왕산 기슭에
있는데 시골 마을길을 잠시 오르면
일주문을 먼저 만나게 된다. 차분한
마음으로 천천히 걸으며 짙은 소나무
향을 맡다 보면 나지막한 돌기둥에
개심사입구開心寺入口, 세심동洗心洞이라고
쓰인 곳에 도착한다. 마음을 씻는 곳이라는
소박한 표지석을 보면 이래저래 무거워진
마음이 어느새 가벼워지기 시작한다.
산길은 가파르지 않아 동행이 있다면
담소를 나누며 올라도 숨이 차지 않고,
혼자라면 사색을 할 수 있어 행복하다.

산을 오르다 열기가 몸을 조금씩 데울 때쯤이면 사찰 입구 연못
앞이다. 연못의 중앙에는 무심하게 만들어둔 외나무다리가
있다. 눈이 쌓여 있어 미끄러울 것 같았지만 조심스럽게 첫발을
디뎠다. 경내로 들어서며 연못에 스스로의 참모습을 비춰보고
정갈한 마음을 찾아본다.

봄이면 겹벚꽃과 매화, 모란으로 가득해지는 이곳이 지금은
눈꽃으로 가득하다. 돌계단을 올라 대웅보전이 있는 절 마당에
들어서면 쏟아지는 눈 속에 선 소박한 탑과 석등이 합장한
노스님처럼 서 있다. 비록 규모는 작지만 여느 큰 절집처럼
우쭐대거나 사람의 기운을 압도하지 않아 편안한 시골집을
찾아온 듯 포근한 부처님의 온기를 누릴 수 있었다.

대웅보전이 보이는 전각 댓돌에 앉아 눈 구경을
하다가 오른쪽 작은 문을 지나 지장전과
삼신각을 둘러보았다. 삼신각 뒤 산길을 오르면
멀리 바다가 보이고 개심사 전체를 한눈에 담을
수 있는 자리가 있다.

탁 트인 자리에 서서 올해의 새로운 시작을
떠올렸다. 시작과 동시에 조급해지고 답답해진
마음을 꺼내 맑은 공기에 씻었더니 어느새
입구에서 본 세심동이란 글이 그냥 지어진 것이
아님을 알았다.

붉은 꽃과 흰 별이 쏟아지는 절

구례 화엄사

새벽길을 출발했음에도 주말 아침의 풍경은 아니었다.
눈에 보이지 않는 바이러스의 공포가 세상의 숨을
멈추고 있는 것 같았다. 한가하지만 여유롭지 못하고
무거운 길은 지루하게 이어져 괜한 걸음을 했나
걱정하다가 화엄사 표지판을 보고 정신이 들었다.
활짝 피진 않았지만 길가에 늘어서 있는 산수유와 동백,
매화가 봄에 다시 돌아오겠다는 약속을 어기지 않았음을
느끼게 했다. 한참 전에 도착해 내 곁에 있었음에도 다른
것에 사로잡혀 인식하지 못한 풍경이었다.
유난히 반가운 기분이 들었다.

홍매화가 핀 절 마당을 보는 건 처음이었고 화엄사도
처음이었다. 애타게 보고 싶었던 사람을 처음 만나는
순간의 기대와 즐거움, 두려움, 걱정이 복합되어 설렘이
만들어지는 건가? 그 설렘이 자꾸 앞서 피식피식 웃음이
나고 가슴을 누르던 공포는 이미 사라지고 없었다.

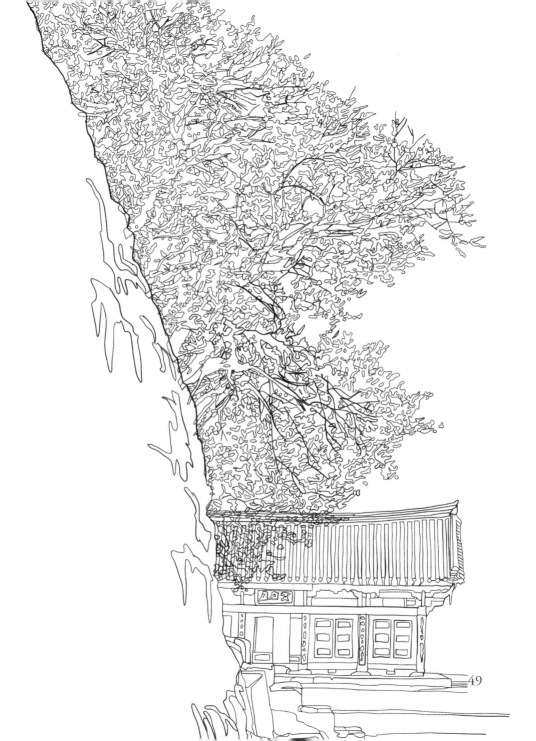

49

혼자 있는 것을 지독히도 싫어하는 사람들이 있지만
삶의 의미는 결국 자기 스스로에게 묻고 들어야 한다.

아주 잠시라도 아무 말 없이, 아무도 만나지 않는
혼자만의 시간을 가져야 한다.

사찰 여행은 언제나 계획에 없던 곳에서 내게 무언가를
남겨주었고 비슷해 보이는 풍경 안에서도 다름이
있었다. 늘 예상치 못한 곳에서 행복과 즐거움, 고통과
시련, 교훈이 나를 기다리고 있었다.

깊은 밤 마당을 푸른 달이 비스듬하게 비추고 있었다.
늘 불면증에 시달리는 이유를 찾아가 보면 마지막에 만나는
문에 쓰인 푯말은 "나는 지금 행복한가?"였다. 숨이 차오르는
계단을 올라 내가 바라는 성공에 도달해 탁 트인 풍경과 시원한
바람 앞에 서면 행복해질까? 잠을 줄이고 당장 하고 싶은 일들을
뒤로 미루면서 얻는 미래의 행복한 순간은 무엇일까?

그렇다면 지금 내 앞에 펼쳐진 빽빽한 숲과
이 걸음의 순간은 불행과 고통일까?
내딛는 걸음 한순간 한순간이 즐거워야 한다는 것을
머리가 아닌 삶 그대로 받아들여야 한다.

스르르 웃음이 지어졌다. 복잡한 삶을 단순하게 하는
만능열쇠를 받아 쥔 기분까지는 아니지만 반짝하고 가슴속
어딘가에서 불이 켜지는 것 같았다.

봄밤, 석등 위로 핀 하늘의 꽃이 유난히도 밝고 아름다웠다.

밤을 밝히다, 캔버스에 오일, 43cm×43cm, 2020

바다를 마당으로 품은 절

양양 낙산사

사진이든 그림이든 프레임 안에서 다른
공간을 들여다보는 구도를 좋아하는
내게 사찰은 너무나 훌륭한 공간이다.
사찰 입구 일주문을 시작으로 천왕문,
해탈문으로 쓰이는 누각 아래, 전각 입구의
중문을 지나는 일은 계속해서 새로운
차원으로 이동하는 기분이 들어 좋다.

응향각을 지나면서 원통보전과 칠층탑이
보였다. 가슴이 두근거리는 게
오랫동안 보고 싶었던 연인이라도
만나러 가는 기분이다.

양양과 속초는 자주 왔지만 낙산사는 참 오랜만이었다.
다른 여정 중에 잠시 들르거나 멀리서 관음상만
바라봐야 했던 낙산사는 내겐 언제나 섬이었다.
육지에 있어도 닿지 못하면 섬이 아닐까?

눈앞에 있으나 닿지 않는 그곳은 더 애틋하고 간절한 섬이
되어 나를 돌아서게 만들었다. 반대편 언덕 소나무에 기대서,
때론 돌아가려고 시동을 건 자동차 창문 너머로, 다시 보기
힘든 연인의 뒷모습을 바라보듯 내 눈을 붙들었다.

나는 절집에 가면 늘 곳곳에서 물고기를 찾는 습관이 있다.
그것은 법당의 벽면이나 창살에 그려져 있기도 하고,
법당 안 천장에 있기도 하고, 처마에 매달려 있기도 했다.
그들의 모습이 어눌하고 비율이 맞지 않는
친근한 모습일수록 더욱 눈길이 가는 것은
아마 내 삶의 모습이 그렇기 때문이리라.

눈을 감지 않는 그들의 삶처럼
내 마음도 언제나 깨어 있고 싶다.

바다를 향한 하늘에 매달린 물고기는
파도 소리를 듣고 있을까?

멀리 바다를 보고 있는 해수관음상의
모습이 계단 위로 조금씩 보였다.
사방이 탁 트인 정상에서 바라보니
가슴에 구멍을 뚫은 것 같은 기분이 들었다.

정토를 바라보고 그 아래 중생을 품은
관음상 아래서 해가 지기를 기다렸다.
낮아진 해가 석등에 걸리는 순간을
사진으로 담고 그림으로 그리고 싶었다.
먹먹해진 마음으로 해가 완전히
사라질 때까지 바라봤다.
그리고 한참을 기다려 따뜻한 어둠을
만나고 나서야 가만히 일어섰다.

가을처럼 푸르고 붉게 익은 마음이 쌓인 곳

평창 월정사

토요일 새벽 영동고속도로는 예상대로 한산했다.
본격적인 단풍철이 아니기도 했고, 태풍의 영향으로
강릉에 많은 비가 왔다는 뉴스가 결정적인 도움이 되었다.
강원도로 가는 길은 영동고속도로가 역시 아름답다.
새로 만든 도로는 터널을 통해 순식간에 강원도 땅에 발을
딛게 했지만 목적지에 도착하는 것만이 여행은 아닐 것이다.
눈앞에 펼쳐진 풍광이 운전을 즐겁게 했다.

전나무 숲길을 걸어 월정사로 들어가고 싶어 숲길 초입에
차를 세웠다. 물을 머금은 숲은 짙고 깊어져 있었다.
『삼국유사』의 저자 일연 스님은 "오대산은 우리나라의
아름다운 산 중에서도 단연 으뜸이다."라고 했다.
태백산맥의 중추에 자리잡아 깊은 수림과 부드러운
황색 흙으로 이루어진 토산은 그 길을 걷는 것만으로도
충분한 휴식이 된다.

앞서 걷던 노부부는 내가 그들을 처음 봤을 때부터
월정사 천왕문을 통과해 사라질 때까지 한 번도
손을 놓지 않았다. 짙은 숲 내음 사이에
따뜻한 바람이 함께 느껴졌다.

누각 아래를 통과하는 절집의 구조는 언제나
감탄을 불러온다. 담을 치지 않고도 눈앞에 있는
공간을 숨겼다가 극적인 순간에 펼쳐낸다.
일주문부터 하나씩 지나다 보면 부처님의
땅에 다가가고 있다는 생각이 들어
가슴이 두근거리다가 전각의 모퉁이를 돌아
펼쳐지는 절 마당과 법당을 거쳐
고개를 들고 올려다봐야 하는
누각으로 들어서면 부처님이 가까이
계시다는 생각에 발이 묵직해진다.

오늘은 천녀가 연주를 하며 맞아준다.
맑게 갠 하늘과 눈부신 햇살 아래 하늘로 솟은
단색의 석탑, 주불을 모신 웅장한 본당을 만나면
절로 울컥해지지 않을 수 없다.

가위바위보에서 이긴 여동생이 계단 맨 위로
뛰어올라가 만세를 부르고 오빠를 장난스럽게 놀린다.
절 마당을 사진에 담고 있다가 갑자기 프레임 안으로
들어선 활기찬 소녀의 웃음이 너무나 예뻤다.

역시 어느 집이든 아이의 밝음과 명랑함, 생기가 있어야
사람이 살아가는 집이라는 생각이 든다. 계산하지 않고
세상을 있는 그대로 받아들이는 '아이의 마음'을
유지하고 사는 것이 부처님의 마음일까?

사랑하고 아끼는 사람들을 위한 간절한 기도인지,
이루지 못한 꿈에 대한 회한인지 모를 모호한 표정의
한 노부인은 적광전 문틈으로 보이는 석가모니
부처님을 오랫동안 올려다보았다. 계단 끝에 장식된
석상처럼 보이는 그 모습 한편에서 내가 보였다.

누구나 아끼는 사람이 늘 행복하고 실수하지 않으며
안온한 삶을 누리길 바라는 마음을 갖고 있다.
그것이 사랑의 마음일 것이다. 그래서 가족에게,
연인에게, 학생에게, 동료나 후배에게, 때론 선배에게
충고나 조언의 말을 꺼낸다. 그 시작의 마음이
아름다운 것은 세상 모든 사람이 안다.

하지만 정작 상대는 이를 이해하고, 고마워하면서도
자신의 결정에 대한 타인의 간섭을 달가워하지 않는다.
스스로 조언을 구하는 경우에도 자신을 바라보는
상대의 오해와 편견이 느껴지는 순간 불편함과
불쾌감을 느끼게 된다. 옳고 그름의 가치 판단 이전에
오롯한 존재로서의 자신에 대한 다른 이의 주관적
판단이 불편한 것이다. 그러므로 말을 아끼고 믿고
기다려줘야 하는데 그게 참 어렵다.

억지로 참지 않고도 그 마음에 자연스레 도달하는
날이 오면 부처님 마음에 한 걸음 다가선 것일까?

시간이 눈처럼 소복소복 쌓인 절

부안 내소사

온전한 겨울은 눈이 펑펑 쏟아져야 완성된다는
생각을 했다. 함박눈이 소복이 내린 오래된 절을
걷고 싶어 찾은 곳은 내소사.
대학을 갓 마치고 사회생활을 시작하면서 받은
첫 월급으로 고등학교 동창들과 여행을 가서
엄청난 눈을 만난 곳이었다. 그때의 기억은
모든 것을 백白으로 덮은 고요함이었다.
처음 느껴보는 그 고요함이 당혹스러웠고,
동시에 감동적이었으며, 편안했다.

그곳에 자리잡고 있는 마당과 석탑, 법당이
쌓인 눈의 무게로 휘청이며 소리를 내는 풍경을
경험하면서 걷고 싶었다. 그냥 무작정 걷고, 달을
보고, 까만 밤을 하얗게 만드는 눈을 맞으며
저물어가는 한해를 마무리하고 싶었다.

잠을 이루지 못하다가 내리는 눈 사이로 달을 볼 수
있을까 하는 마음에 조용히 방을 빠져나왔다.
그리고 댓돌에 쪼그려 앉아 푸른 웃음을 짓는 달을
만났다. 다시 방에 들어가 남은 잠을 청하기엔 아쉬운
새벽이었다. 눈이 다시 내리기 시작했고 법당에서
새어 나오는 노란 불빛이 따뜻했다.

어느새 잠이 들었는지 지붕에 쌓인
눈이 툭 떨어지는 소리에 눈을 떴다.
새벽에 다시 내리기 시작했던 눈이
여전히 쏟아지고 있었다.
일어나 방문을 활짝 열고
가만히 누워 눈을 들었다.

어제 오후 도착했을 때부터 대웅보전 창호의 꽃무늬에
마음을 빼앗겼다. 색이 모두 바래고 나뭇결마저
오랜 시간을 덮고 있었지만, 그 정교함이 놀라웠다.
창호를 만든 목수가 얼마나 공을 들였을지 짐작할
필요도 없었다.

나는 절집에 있는 오래된 것들을 사랑한다.
폐사지에서도 부서진 석탑이나 석물,
당간지주 앞에 앉아 오랜 시간을 보낸다.
가만히 창호에 손을 올렸다.
볕을 받은 나무꽃의 기운이 손을 타고
가슴을 따뜻하게 만들었다.

보이지 않는 모든 곳에 부처가 있다

남해 보리암

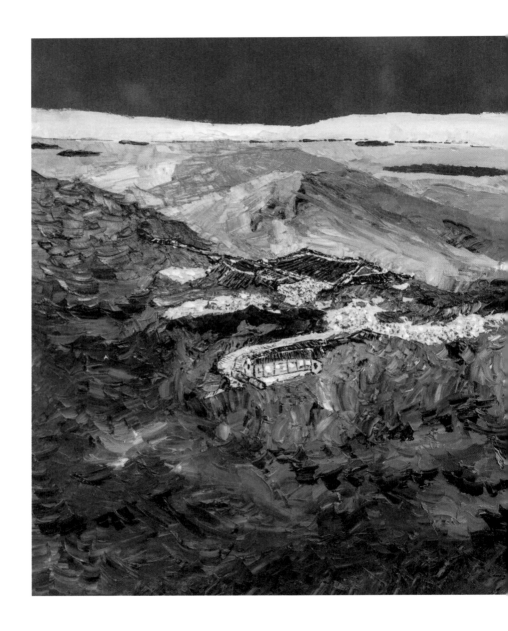

보이지 않는 모든 곳에 당신이 있습니다, 캔버스에 오일, 117cm×73cm, 2020

서둘러야 할 이유도 없었지만 무엇보다 손꼽아 기다린
순간을 조금이라도 천천히 마주하고 싶은 마음이 컸다.
그 설렘을 좀더 길게 누리고 싶어 길가에 핀 이름 모를 꽃과
풀, 나무 사이로 보이는 푸른 하늘에 자주 눈을 돌렸다.
산비탈에 자리잡은 암자보다 고요하게 펼쳐진 봉우리들과
안개, 그 아래 바다와 섬이 눈보다 먼저 가슴을 멈춰 세웠다.
찌르르한 기분이 덩어리가 되어 목으로 올라오는 듯했다.

짙은 초록빛 금산과 보리암, 푸른 남해의 풍경에 눈이 맑아졌다.
보이지 않는 모든 곳에 부처님의 마음이 있어, 보이는 것을 통해
진리를 일깨워주신다는 생각이 들었다. 나를 중심으로 세상을
보지 않고 늘 조금 떨어져 광각 렌즈와 같은 시야를 갖는다면
당장 앞에 놓인 생의 시련에 쉽게 좌절하지는 않지 않을까?

연꽃이 주렁주렁 달린 절집

화순 만연사

내 여행 습관 중에 하나는 목적지로 출발하기 전
자동차나 버스, 열차, 비행기 안에서 잠시 눈을 감고
오늘의 여행을 영화를 보듯 순서대로 돌려보는 것이다.
현실을 살며 담아온 생의 무게를 잠시 내려놓고
일상으로부터 자유로워지는 순간을 느끼려는
나만의 의식이다.

새로운 것을 담기 위해서는 언제나 버리는 시간이
필요하고, 잠시라도 미련 없이 아름답게 내려놓기에
좋은 시간은 여행이다.

자동차가 마을길로 들어서자 창밖은 온통 흰색뿐이었다.
백색이 이렇게도 눈부셨던가. 시간이 어떻게 흘러가는지도
모른 채 절집에 들어섰고 일주문과 여러 전각을 통과해
이끌리듯 나한전 앞에 도착했다. 살짝 열린 문 사이로 아침
햇살을 받기 시작하는 불단이 보였다. 빛을 받은 부처님의
모습을 담고 싶어 순간적으로 카메라 셔터를 눌렀는데
플레어Flare가 들어간 사진 속 모습이 무척 마음에 들었다.

여유롭고 행복한 여행 중에는 늘 삶을 여행처럼 살면
어떨까 하는 마음이 든다. 오랜만에 아무것도 하지 않아도
되는 여행이라 그런지 모든 것이 편안했다. 여유로운
일상의 하루하루를 느긋하게 바라보는 것, 먹는 것마다
맛있고 그 맛을 온전히 느낄 수 있는 행복이 있었다.

일상의 삶에서도 이렇게 모든 것을 받아들일 수 있다면,
매일 반복되는 하루도 여행만큼이나 설레고 멋지지
않을까. 모든 것이 마음에 달렸다고 하지만 막상 다시
현실로 돌아오면 그 마음은 이미 어디에도 없었다.

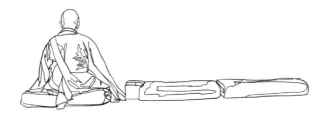

가지런히 놓인 스님의 신발 하나에 마음이
편안해지면서도 고요한 공간에 들어서야 하는 부담감에
망설이고 있을 때 낮고 선명한 스님의 독경 소리가 들렸다.
계산이 너무 많아 틈이 없는 마음을 멈추어야 할 때였다.
신을 벗고 법당에 들어서 손을 모았다.

언젠가 배롱나무에 연등이 감처럼
주렁주렁 매달린 사진을 본 적이 있었다.
사실 만연사를 찾은 이유는 이 순간을
직접 만나고 싶었기 때문이었다.

하늘과 땅, 산을 구분할 수 없을 정도로
눈이 내리는 날 배롱나무에 열린 빨간 연꽃은
상상하는 것만으로도 황홀하고 비현실적이었다.
하지만 실제 모습은 상상한 것 이상이었다.
눈이 쌓이는 소리만 들리는 그곳에서 사진을 찍느라
이리저리 움직이다 보니 내 발소리만이 눈치 없이
소음을 만들고 있어 자리에 멈춰 섰다.
한 번도 겪어보지 못한 적멸의 시간이었다.

바다보다 더 넓은 가슴으로 안아주는 절

강화 보문사

경사진 언덕을 조금 걸어 일주문을 지났다. 담도 없고
닫을 수 있는 문도 없이 기둥에 지붕 하나뿐인 그 자리를
지나는 순간 고요한 공기가 몸을 감싸는 기분이 들었다.

우선 거대한 부처님의 열반상과 오백나한을 보고 싶어
다른 전각을 지나쳐 그 앞에 섰다. 열린 문 한쪽으로는
부처님의 얼굴이 보이고, 다른 쪽으로는 가지런히 모은
발이 보였다. 누군가는 가족의 안녕을 빌며 절을 올리고,
누군가는 천진한 눈으로 부처님의 감은 눈을 가만히
바라보고, 누군가는 합장하며 법당을 돌고 있었다.

각자의 자리에서 나름의 방법으로 부처님과 닿아 있는
순간이었다.

114

아직은 추운 공기에 찻집에서 차를 마시며 해질녘을
기다렸다. 나른한 오후의 햇살에 눈이 스르르 감긴다.
참 오랜만에 기분 좋은 졸음이 몰려왔다.
오랜 불면증과 두통에 시달려본 사람은 알 것이다.
베개에 머리만 갖다 대면 스르륵 깊은 잠속으로 빠져들고
아침이면 개운하게 눈뜰 수 있는 게 얼마나 큰 행복인지.
깊게 잠들지 못하는 나에게는 몸이 견디지 못하는 순간
겨우 잠깐 눈 붙이는 밤이 있을 뿐이었다.
늘 약간은 몽롱한 상태로 지내는 게 일상이었다.
그런데 오늘은 깊은 잠에 빠져들 수 있을 것 같았다.
절집의 편안함과 맑은 공기와 바닷바람이
잠을 불러오는 것일까?

다시 절 마당 여기저기를 기웃거리다가 법당 창호를
통해 안을 들여다봤다. 부처와 보살, 나한이 가득한
공간은 금빛이 가득한 보석 상자를 들여다보는 것처럼
놀랍고 아름다웠다.

서방정토를 바라보는 마애불을 등지고 바다를 바라봤다.
해가 거의 사라진 바다와 하늘은 밝음과 어둠의 경계에
있었다. 하늘과 바다가 맞닿은 부분은 노랗고 붉은빛이
길게 띠를 두르고, 나머지는 푸른빛과 어둠이 덮고 있었다.
10여 분이 지나면 어둠으로 사라질 이 순간을 보기 위해
나는 이 자리에 섰고, 최고의 순간을 만나고 있었다.

집으로 돌아가 눈에 담은 이 자리의 빛과 어둠을 서둘러
그림으로 남기고 싶어 가슴이 쿵덕거리기 시작했다.
일주문까지 들어간 그대로 돌아 나오다
멈춰 선 절 마당은 봄의 기운을 품고 있었다.

어둠 속에 봄이 있더라, 캔버스에 오일, 23cm×27cm, 2020

흙과 바람, 바다를 펼쳐두고
사람을 기다리는 절

해남 미황사

절의 입구는 안개가 가득해 습한 기운이 주변을 감싸고 있었다.
이미 자정을 넘은 시간.
나는 일주문을 지나 어두운 계단을 이유 없이 서둘러
오르고 있었다. 낮에는 사람들로 북적였을 이 길이 오로지
내 발걸음만으로 가득차 있었다. 어두웠지만 두렵지 않았다.
얼마나 시간이 흘렀을까. 일주문을 지나 자하루까지는
그리 먼 길이 아닌데 계단은 끝나지 않을 것 같았다.
마지막 계단을 오르는 순간 탁 트인 마당이 나타났고
그곳에는 한 무리의 사람들이 나를 기다렸다는 듯이
모여 있었다. 사람들이 있는 자리로 걸어가니 마당의 안개가
걷히고 눈앞에 빛으로 둘러싸인 대웅보전이 모습을 드러냈다.

꿈이었다.

미황사에 대한 기대와 코로나19로 인한 어려운 상황이
고대하고 있던 미황사 방문을 다시 미루게 만들지 않을까
하는 걱정 때문에 꾼 꿈일까? 새벽에 서둘러 출발해
미황사 일주문 앞 주차장에 차를 세우고 나서야
마음이 편안해졌다. 꿈에 본 일주문의 모습과 계단,
천왕문으로 오르는 길이 그대로 눈앞에 펼쳐져 있었다.

남도의 5월 태양은 뜨거웠다.
더운 날씨에 반소매 차림을 한 사람들도
보였다. 절 마당이 한눈에 보이는 응진전 앞
돌계단 중간쯤에 앉아 햇볕을 쬐었다.
황토색 마당과 잉크를 풀어둔 푸른 하늘,
적당한 햇볕, 산바람에 일정하게 흔들리는
풍경 소리가 음악처럼 들렸다.
멀리 남해의 바다가 보이는 미황사의
마당이 내가 꼽는 절집 마당 중
최고의 자리를 차지하는 순간이었다.

해가 지며 세상이 어둠으로 들어서는 자리에
서 있으니 세상을 살아가는 모든 사람들이 자신이
세상에 태어난 이유와 세상에서 해야 할 일에 대해
평생 질문하고 찾으며 앞으로 나아가고 있다는
생각이 들었다. 하루의 끝에서 오늘의 삶이
아쉽지 않았는지, 헛된 순간은 없었는지 돌아봤다.
사는 동안 그 답을 얻지 못할 수도 있지만
순간순간 놓인 일에 최선을 다하는 삶이라면
생의 끝에서도 웃을 수 있지 않을까?

해가 바다 너머로 완전히 사라지고 나서
내려와 자동차 시동을 걸었다.
첫걸음을 내딛는 것처럼 들뜬 기분이었다.

푸른 하늘 위에 떠 있는 섬과 같은 절

봉화 청량사

몇 해 전, 안동에서 울진으로 이동하는 중에 표지판에서
청량사를 본 일이 있었다. 그때 나는 멀지 않은 때 다시
이곳을 찾게 되리라는 것을 어렴풋이 느꼈던 것 같다.
자동차를 국립공원 선학정에 세우고 그림을 그릴
아이패드와 물통만 들고 가볍게 출발했지만 꽤 거리가
있는 트레킹이었다. 이 모퉁이만 돌아서면 일주문이
보이려나 하는 순간을 몇 번이나 넘긴 다음에야
산마루에 자리한 절집이 모습을 드러냈다.

일부러 청량사에 대한 자세한 정보를 찾아보지 않고
오길 잘했다는 생각이 들었다. 낮게 내려앉은 안개
너머로 산의 일부분처럼 자리잡은 모습은 잠시나마
힘겨운 세상을 잊게 만들었다.
새벽 장거리 운전의 피로감, 어디서나 마스크를 써야
하는 고된 일상의 긴장이 순식간에 사라지고 풀어져
발걸음이 느려졌다. 얼마나 더 걸어야 하나 했던 마음은
없고 비현실적인 풍경 속에 좀더 오래 머물고 싶었다.

그렇게 청량사를 찾은 이 순간. 깊은 생각에 잠긴 미륵상
앞에서, 유리보전이 비스듬히 보이는 이 자리에서 이상하게
눈물이 날 것만 같았다. 본래 눈물이 많기도 하지만 요즘엔
대수롭지 않았던 일상이 특별하게 느껴지는 순간 울컥하는
날이 많아졌다. 바람이 좋은 날에 어디든 가고,
누구와도 웃고 이야기할 수 있었던 평범한 순간의
소중함을 잃고 난 후에야 귀한 줄 아는 어리석음 말이다.

미륵불 앞에서 합장을 하며 우리의 미래가 어둡지 않기를
빌고, 유리보전에 들어서 약사여래불 앞에 엎드렸다.
일상을 빼앗은 질병으로부터 중생이 무너지지 않기를 빌었다.

푸른 하늘을 바라보고 선 오층석탑은 바다 위에 떠 있는
것 같았다. 모든 이의 마음을 듣고 품어주기 위해선
응당 있어야 할 자리였다. 어디에도 꺼내놓지 못했던
근심을 이 산까지 지고 올라온 사람들의 원願이
바다 위에 흩어지는 환영처럼 탑 꼭대기에서
구름이 되어 퍼져나갔다.

여름과 가을의 경계에서 오랜 시간 고생한 중생들에게
달게 익은 열매 같은 삶이 돌아오길 바라고 또 바랐다.

산에서 만난 바다를 닮은 절

속초 신흥사

함부로 누구를 만나기도 꺼려지고, 마음 편히 여행을
다닐 수도 없는 상황 속에서 방랑의 기운이 목까지 차오를
때면 답답함에 두통이 먼저 찾아온다. 이번 겨울엔 특히나
춥고 바람이 많이 부는 날을 골라 새벽길을 나섰다.
해는 떴지만 차문을 열자마자 날카로운 찬바람이
얼굴을 긁고 지나갔다.

신흥사는 막연히 상상했던 모습과 너무나 다른 곳이었다.
가파른 산에 자리잡아 오르내림이 많을 거라 생각했는데
일주문부터 펼쳐진 광대함이 가슴과 눈을 시원하게 했다.
천왕문을 지나 돌아서니 구름 없는 짙푸른 하늘이 바다처럼
보였다. 순간 산에도 바다가 있구나 하는 생각이 들었다.

언제나 강원도로 길을 잡으면 바다가
우선이었고 바다를 바라보는 절을 찾는 것이
일상이었다. 바다를 등지고 산을 바라보면
사실 그 안에 더 많은 아름다운 사찰이 있음을
알면서도 눈은 늘 바다에 머물러 있었다.

삶에서는 내가 좋아하는 구덩이를 파고
들어가 빛을 등지는 일이 없길 경계하면서도,
내 몸으로 모든 빛을 가려 더 나아가지 못할
때가 되어서야 비로소 정신을 차린 날이 많았다.
빛이 있어야 세상을 볼 수 있는데 자신 스스로
그 빛을 가리며 살고 있는 건 아닐까?

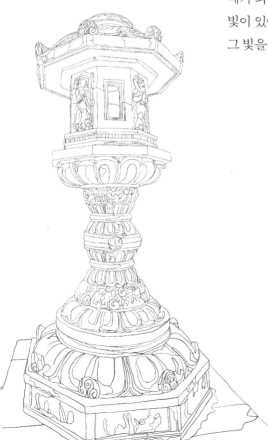

어느 곳으로 눈을 돌려도 차갑고 진한 겨울 하늘이
경내 모든 전각들의 선을 더 두드러지게 만들고 있었다.
극락보전 계단 앞에 멈췄다. 멀리서부터 눈에 들어온 것은
극락보전 정면 문에 그려진 노란색 바탕의 천녀 그림이었다.
구름 위에서 자유롭게 움직이며 과일이 담긴 쟁반을 든
모습이 아미타부처님에게 공양하는 순간을 담고 있는 듯했다.
한동안 가만히 바라보고 있자니 입체 영상처럼 구름이
움직이는 것 같은 착각이 들었다.

해당 그림에는 '증강현실(현실세계에 3차원 가상물체를 겹쳐 보여주는 기술)'이 적용되어 있습니다.
어플 다운 및 실행 후 그림을 비춰보세요(4쪽 일러두기 참조).

정갈하게 빗질한 마당을 조심스럽게 걸어 경내를 돌아보니
고운 모래가 펼쳐진 바닷가를 산책한 기분이었다.
천왕문을 빠져나와 합장하고 이어폰을 꺼냈다.
내려가는 길은 신나는 음악을 들으며 걷고 싶었다.

하루 묵으며 깊은 밤의 고요함을 누리지 못하는 것이
사뭇 아쉬웠지만 바다를 닮은 절집을 만난 인연이 즐거웠다.

푸른 바람이 노래하는 절

영덕 장욱사

오전에는 흐리다가 차츰 맑아진다는 예보는 정확했다.
비와 안개를 뿌리던 하늘은 경북 문경을 지나면서
사이사이 파란 얼굴을 내밀었다. 영덕까지 고속도로를
이용할 수 있어 편했지만 가까운 거리는 아니었다.
새벽 운전의 피로가 시작될 무렵 차가 흔들릴 정도의
강풍에 정신이 번쩍 들었다. 장육사가 있는 운서산에
가까워질수록 바람은 더 세게 느껴졌다. 바람에 쫓겨
하늘엔 구름 하나 없이 맑았다. 사실 티 없이 맑은
청색 하늘은 가을보다 겨울이 더 으뜸이다.

걷기가 힘들 만큼 바람이 세게 불었지만 공기의 기운은
봄을 품고 있었다. 일주문에 서니 산 초입에 모여 앉은
전각이 한눈에 들어왔다. 기대했던 고찰의 모습은
아니었지만 바람이 쏟아내는 소리와 맑은 공기가
부처님의 영역에 들어섰음을 알리는 것 같았다.

누각 아래 어둠을 지나 빛을 만나는 절집의 구조는
언제나 감동적이다. 그늘진 계단을 올라설 때면 햇볕이
내리쬐는 자리에 부처님과 보살, 나한, 천인들이 모여
보잘것없는 나를 기다리고 있다는 착각이 든다.
나는 황송함에 얼른 두 손을 모으고 고개를 숙였다.

바람을 뒤로하고 들어선 관음전은
다른 세상인 듯 고요했다.
법당 구석에서 삼배를 올리고 불단에
다가가 보물이라는 건칠관음상을
한참 봤지만 큰 감흥은 없었다.
오히려 협시보살로 선 남순동자의
웃는 얼굴에 계속 눈이 갔다.

깨우침이 깊어질수록 눈은 맑아지고, 정신은 더
또렷해질 것이다. 내가 가진 지식을 온전히 내 것으로
만들지 못하고 쌓아두는 것은, 창고 안에 쌀이 아무리
많아도 먹지 않으면 배부를 수 없는 것과 같다. 거울에
비친 내 눈이 어린아이처럼 보이는 날이 있을까?

밤에도 바람은 잦아들지 않았다. 바람을 색으로
표현할 수 있다면 장육사의 바람은 짙은 청색일 것
같다. 홍련암을 둘러싼 대나무 숲의 바람 소리가 등
뒤에서 부는 것처럼 가까이 들렸다. 좌악 소리를 내며
대나무가 부러지는 소리가 이따금 들려왔는데 조금
무섭기도 했지만 시원했다. 며칠 동안 가만히 앉아
바람 소리만 듣고 있어도 모든 근심이 다 날아가고
정신이 맑아질 것 같았다.

구름이 사라진 관음전 위의
밤하늘은 별로 가득했다.

≫
해당 그림에는 '증강현실(현실세계에 3차원 가상물체를 겹쳐 보여주는 기술)'이 적용되어 있습니다.
어플 다운 및 실행 후 그림을 비춰보세요(4쪽 일러두기 참조).

마음을 고요하게 할 연못을 닮은 절

부여 무량사

해당 그림에는 '증강현실(현실세계에 3차원 가상물체를 겹쳐 보여주는 기술)'이 적용되어 있습니다.
어플 다운 및 실행 후 그림을 비춰보세요(4쪽 일러두기 참조).

아직은 연둣빛이 산과 들을 채우고 있었다.
부여로 내려가는 길은 미세먼지도 황사도 없고
나른한 볕이 내리쬐는 말 그대로 봄 길이었다.
고속도로를 빠져나가면 대부분의 자동차는
대천해수욕장 방향으로 길게 늘어서고 반대 방향인
무량사 방향은 한산했다. 잠시나마 번잡한 일상을
떠나기 위해 산사를 찾는 마음에 맞게 가는 길도
여유롭다.

한참을 초록으로 가득한 국도변을 달리다가 문득
앞뒤로 텅 빈 도로가 아쉽기도 했다. 사람이 찾지 않아
고요한 절집이 좋긴 하지만 아무도 찾지 않는 곳은
언젠가 무너지고 사라질 것임을 알기 때문이었다.
복잡하고 시끌시끌하게 흥한 곳이 있기에 잠시 쉬어갈
빈 곳의 가치가 있는 것인데, 어디든 빈 곳뿐이라면
그 공간의 의미는 무엇일까?

부처님 오신 날을 한 달여 앞둔 무량사는 공중에 핀
연등으로 가득했다. 일주문, 천왕문을 지나 극락전
마당을 가득 채운 하늘에 핀 연꽃은 살랑거리는
봄바람에 흔들리고 있었다. 연꽃 향이 날 리가 없지만
걸을 때마다 얼굴에 끼쳐오는 바람의 틈에 은은한
향이 스며든 것 같은 기분이 들었다.

절집 마당 하늘에 달아둔 연등은 절 전체를 거대한
연못으로 만든다. 그리고 연등을 올려다보는 우리는
연꽃이 뿌리를 드리우고 있는 연못 진흙 안에
서 있는 형상이다. 어지러운 세상에서 참된 자신을
찾아 연꽃처럼 피어나길 바라며 원통전과 명부전,
극락전을 여러 번 돌았다.

극락전에서 들리는 스님의 독경 소리가 크진
않았지만 선명하게 귀로 들어왔다. 맑고 웅장한
목소리에 끌려 다가선 자리엔 체격이 작은 스님이
앉아 있었다. 낮지도 높지도 않고, 굵지도 가늘지도
않아 귀를 편안하게 하는 목소리였지만 부처님의
말씀을 담은 소리는 강한 울림처럼 들렸다.
그것은 마치 가슴을 울리는 북소리와도 같았다.

드로잉을 위한 사진 촬영도 잊고 눈을 감고
가만히 서서 그 소리가 다하길 기다렸다.

163

미륵불을 기다리며 바닷속에 잠든 절

밀양 만어사

산을 오르다가 돌아보니 발아래는 말 그대로 산 넘어 산이고, 고개 너머 고개였다. 구름 아래로 보이는 봉우리는 바다 위 섬처럼 모여 있었다. 새로운 거처를 꿈꾼 용왕의 아들과 그를 따른 수많은 물고기들은 바다를 떠나왔으나 바다를 잊을 수 없었던 것일까? 밀양 8경으로 불리는 만어산 운해는 바다를 그리워했을 그들을 위로해주었을까?

하루하루를 잘 살고자 하는 마음, 그리고 그 걸음이 모여
부끄럽지 않은 나를 만든다는 믿음을 지닌 중생들이
물고기처럼 산을 오르고 있었다. 이른 시간에도 마음을
모으고 절을 찾는 이들은, 두드리면 바위마다 모두 다른 소리를
낸다는 물고기바위와 같이 미륵부처를 기다리는 중생들이다.

부처님이 오시는 날, 그날이 오면 오랜 잠에서 깨어난 듯
용왕의 아들도, 물고기도, 우리도 깨달음을 얻을 것이다.

당신을 기다릴 수 있어 행복합니다, 캔버스에 아크릴, 73cm×53cm, 2021

≫
해당 그림에는 '증강현실(현실세계에 3차원 가상물체를 겹쳐 보여주는 기술)'이 적용되어 있습니다.
어플 다운 및 실행 후 그림을 비춰보세요(4쪽 일러두기 참조).

처마 끝

풍경이

내게 물었다

특별함이 없어 특별한 절집

서산 부석사

저녁 8시 전에는 경내로 들어와야 한다는 사찰 담당자의
목소리가 계속 귓속에 맴도는 것 같았다. 퇴근을 하고
서울을 출발해 빠듯하게 달려야 겨우 도착할 수 있는
시간이었다. 저녁 먹을 시간도 부족해 달리는 차 안에서
간단히 해결했다. 토요일에 편하게 올 걸 그랬나 하는
후회는 8시가 다가오면서 더욱 커졌다.

하지만 그 조바심은 고속도로를 빠져나와 국도에
들어서고 사위가 점차 어둠에 들면서 조금씩 조금씩
사라졌다. 속도를 낼 수 없는 1차선 국도 때문인지,
자동차 전조등에 의지해 나아가야 하는 어둠 때문인지는
몰라도 차라리 마음이 편해졌다. 창문을 내리고 팔을
내밀어 바람을 가르며 굽이굽이 도니 어느새 부석사
입구에 들어섰다. 시계는 7시 46분을 가리키고 있었다.

비 때문인지 경내는 아침에도 밤처럼 소리가 없다.
빼꼼히 대웅전 문을 열어본다.
등을 켜지 않아 어두운 실내에 부처님이 가만히 웃고 있다.
합장 반배를 올리고 마음으로 말한다.

부처님, 행복한 아침입니다.

빗소리가 좋아 방문을 열었더니 시원한 산 공기가
기다렸다는 듯이 방으로 밀려든다. 냄새, 맛 등에 크게
민감하진 않지만 확실히 도시의 공기와는 다르다.
바람에 흔들리는 숲의 소리, 새소리, 풀벌레 소리가
한꺼번에 들렸지만 각각의 소리가 분명하게 자신의
존재를 드러내기도 하고, 음악처럼 조화를 이루기도
한다.

언제나 이렇게 절집에서의 시간은 무엇이든 할 수
있는 자유와 아무것도 하지 않아도 되는 자유를 내
앞에 펼쳐든다. 오늘은 어떤 카드를 고를 것이냐고
느긋하게 처마 끝 풍경이 묻는다.

179

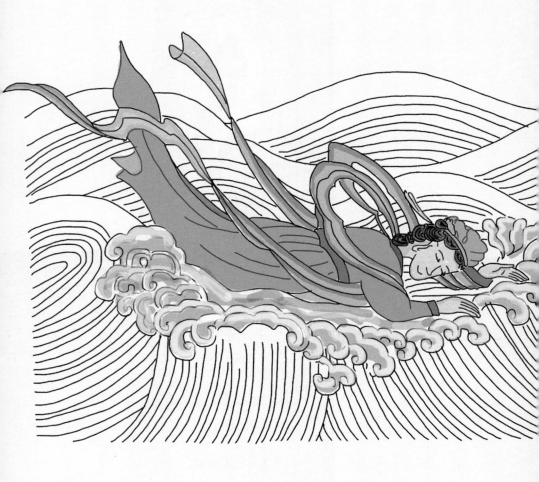

180

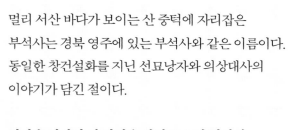

멀리 서산 바다가 보이는 산 중턱에 자리잡은
부석사는 경북 영주에 있는 부석사와 같은 이름이다.
동일한 창건설화를 지닌 선묘낭자와 의상대사의
이야기가 담긴 절이다.

절집을 떠나기 전 가벼운 차림으로 절 뒤편에
오르니 바다가 더 가까이 보인다. 선묘낭자에겐
가족과 고향이 있는 땅, 의상대사에겐 부처가 있는 정토.
그 둘이 꾸었을 꿈을 생각하며 해가 바다 너머로
사라질 때까지 바라본다.

참 오랜만에 가슴이 먹먹해지는 낙조를 만났다.

여전히 불국토를 꿈꾸는 땅

화순 운주사

서해안고속도로는 하얀 꿈속처럼 짙은 안갯속으로
길이 나 있었다. 가야 할 거리도 멀고, 주말이면 늘 막히는
고속도로라는 악명을 기억하고 새벽길을 골랐는데
정작 내 이마를 짓누르는 것은 실체가 없는 것이었다.
어쩌면 우리의 삶이 항상 그럴 것이다.
하루하루 나아가는 생에서 걸음을 멈춰 세우는 것은
물리적인 장애나 불행이 아니라 예측하지 못했던
불확실성, 불안감이다.

일주문을 지나면 여기저기 불규칙한 규칙을 지키고 있는
석불과 석탑들을 마주한다. 천 개의 탑과 천 개의 부처가
산을 가득 채우고 있었다는 이 골짜기, 그러나 이제는
석탑이나 석불이 없는 빈자리에도 여전히 불佛의 기운이
가득해서 공터조차 그냥 밟지 못하겠다. 눈앞이 환히
보이는데도 안갯속에 들어선 기분이다.

걷다 보니 원형다층석탑 아래
가지런히 손을 모은
오누이가 보인다.
작은 고사리 손에 담긴
원은 무엇일까?

얼마나 오랜 옛날부터 저 탑은 그 아래서
고개를 숙이고, 엎드리고, 무릎 꿇은 이들의
마음을 받았을까? 그 많은 가슴속 이야기를
받아들였기에 무수한 시간과 시련을 거치고도
여전히 이 자리에 그대로 서 있는 것이 아닐까
하는 마음에 저절로 손이 모아지고 고개가
숙여진다.

대웅전 본존불 뒤편 벽면에 그려진
천수천안관음도千手千眼觀音圖에 서서 카메라를
들이대봤지만 어느 곳에서도 다 담을 수가 없다.
결국 카메라를 내리고 그 앞에 서 두 개 밖에 없는
손을 모으고, 두 눈을 감았다. 특별히 빌 것도
없으면서 무엇이든 빌어보고 싶어졌다.

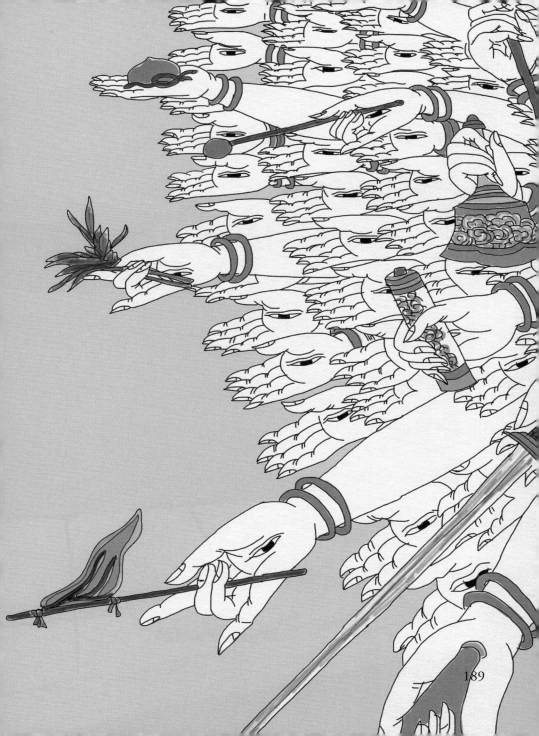

189

종무소로 쓰이는 보제루를 나오려는데 그 앞에 절집의
개가 자리를 잡고 앉아 해 지는 산 너머를 보고 있다.
사람의 기척이 있어도 고개를 돌리지도, 움찔하며
일어서지도, 고쳐 앉지도 않는다. 그저 네 갈 길이나
가라는 눈빛이다. 내가 걷는 이 길이 해 지는 산 위에
누워 있는 '와불'이라는 것을 알고 있었을까? 산으로
난 길을 오르며 돌아보니 절집 개는 자리에 없었다.

몸을 세워 불사를 완성해야 했던 천 번째 부처는
그대로 누워 일어날 인연을 기다리고 있는 것일까?
마지막 부처를 일으켜 세우지 못한 옛사람들의
그 마음이 다시 모아져 천 개의 탑과 천 개의 부처가
숨 쉬는 불국佛國이 언젠가 올까?

느릿하게 마주하는 절정의 순간

순천 송광사

일주문을 지나면 왼쪽으로 작은 계곡 위에
우화각羽化閣을 얹은 삼청교三淸橋가 펼쳐진다.
차안此岸의 삶에서 잠시나마 피안彼岸으로 들어갈 수
있는 다리를 마주하니 막힌 가슴에 구멍 하나가 뻥
뚫리는 기분이 들었다. 다리를 건너는 동안 그 구멍으로
부처님이 사는 세상의 바람이 들어와 채워지면 다리와
누각의 이름처럼 가벼워질 것 같았다.

마음이 가벼워지니 몸도 가벼워졌다. 성큼성큼 앞으로
내닫는 걸음을 종고루 아래서 붙잡았다. 누각을 지나
절 마당과 대웅보전을 마주하는 감격은 언제나
절정의 순간이기에 조금이라도 느리게 만나고 싶었다.

누각 밑에서 계단을 오르기 전에 펼쳐지는 파노라마
같은 그 순간은 보고 또 봐도 물리지 않는다.
가만히 눈을 감았다가 뜨니 한 번에 눈에 담지도
못할 푸른 하늘과 가득한 연꽃이 훅 끼쳐들었다.

아무것도 하지 않고
자신을 들여다보는 시간

강화 전등사

전등사를 찾은 횟수는 열 번도 더 되었을 것이다.
그렇지만 하룻밤을 머무는 것은 처음이라 낯선
곳에 온 듯 가슴이 콩닥거렸다. 가방을 던져두고
나가려다가 문틈으로 보이는 하늘과 단청에 털썩
주저앉아버렸다. 그림을 그리고 사진을 담으러
절 곳곳을 돌아보아야 하지만 오늘은 그냥 아무것도
하지 않을 자유를 누리고 싶단 생각이 강하게 들었다.

늘 삶에 쫓기는 중에 들른 고요한 사찰의 시간은
소란한 생을 멈추는 하루가 된다. 앉은 김에 잠시
눕자는 마음이 들었고 오늘은 그 마음에 못 이긴 척
서늘한 바닥에 누웠다.

마당에 앉아 해가 지기를 기다렸다. 똑바로 바라볼 수
없었던 한낮의 시간은 지나고 한풀 고개 꺾인 해가
절 마당을 비스듬하게 비추었다. 카메라로 들여다보고
있으니 플레어가 생긴 순간이 눈부시게 아름답다.

의자에 앉은 노부부의 얼굴에 행복한 미소가 가득
번지고 있었다. 사람의 여정도 어쩌면 이렇게 절정의
시간을 지나 비스듬히 주변을 비출 수 있는 시기가
되었을 때 가장 아름답지 않을까? 뜨겁지 않고 따뜻하며
편안하게 모든 것들을 바라볼 수 있는 사람이 되고 싶다.

평소 국을 거의 먹지 않는 내가 된장국을 받아들고 자리에
앉았다. 이유는 모르겠지만 가슴속 어딘가가 허전했다.
따뜻한 국으로라도 데우고 싶었던 것인지 숟가락도
쓰지 않고 국을 사발로 들고 마셨다. 목을 타고 내려가는
고소하고 따뜻한 된장국과 미역이 허전한 가슴속 곳곳을
지나가는 느낌이 들었다. 그러고 보니 밥을 먹는 순간에
이렇게 집중해본 일이 없다는 생각이 들었다.

한 가지만 하며 세상을 살 수는 없지만 순간순간 그 일을
하고 있는 자신에 집중해볼 필요가 있다. 삶이 나를 끌고
가는 게 아니라 내가 삶을 살고 있다는 생각을 해야 한다.

207

저녁 예불을 마치고 방으로 돌아가는 길에 하늘을
올려다봤다. 종일 많은 이가 들고 들어왔을
원들이 절 마당에, 대웅전에 가득해서 공기가
무거웠으나 하늘만은 높고 짙푸르고 가벼웠다.
더 물러설 곳이 없는 이들이 짊어지고 온 원의
크기와 무게를 생각해봤다.

누구의 원이 더 중요하고 덜 중요한 것이야
없겠지만 그 원 하나만 붙잡고 사는 사람들의
것을 조금 먼저 들어주어도 괜찮지 않을까 하는
생각이 들었다.

나를 흔드는 것은
결국 나 자신임을 알게 한 시간

원주 구룡사

나는 일주문을 지나 한참을 걸어야 불이문이나 천왕문을
만날 수 있는 사찰을 좋아한다. 절집에 도착했다고 바로
소란스러운 마음이 가라앉는 것은 아니라서 일주문을
지나 숲의 소리에 집중하여 걷다 보면 북적였던 가슴이
조금은 누그러지기 때문이다.

하늘로 뻗은 나무들과 오랜 시간의 퇴적을 덮고 앉은
부도밭을 지나 쓸쓸한 공터에 도착했다. 가늠할 수 없는
시간, 공간이 만들어낸 숲과 고찰 앞에서 내가 아파하고
조급해하는 많은 문제들과 살아온 시간, 살아갈 시간을
생각하니 웃음이 나왔다. 조급해한다고 이루어지지
않음을 알면서도 그 마음을 버리지 못한다는 것이
우스웠다. 이 산을 떠나 다시 시간이 지나면 이 순간에
느낀 시간의 사소함과 나의 부족함을 잊고 또 마음이
바빠지겠지만 잠시라도 작은 나를 큰 내가 되어 바라볼
수 있음에 뿌듯했다.

214

보광루 아래를 통과해 계단을 오르며 곧 눈앞에
펼쳐질 탑과 대웅전의 모습에 두근두근했다.
어느 사찰을 가도 경험하는 순간이지만 그 극적인 시간은
늘 기대를 품게 했다. 그래도 아직은 내게 어떤 대상에
대한 기대가 많이 남아 있는 것 같아 기분이 좋았다.

나이가 든다는 것은 더 이상 놀랄 것도 기대할 것도
없어지는 것이란 생각이 든다. 내가 기대했던 대상이
실은 다른 모습을 하고 있었다는 배신도 덤덤하게
받아들이고, 동화나 소설, 영화에 쉽사리 공감하지도
않고, 내가 사랑하고 아낀 모든 것들이 갑자기 사라질
수 있다는 것에 익숙해진 자신을 발견하는 것이 진짜
늙어버린 자신을 만나는 날이 아닐까? 그러니 기대하고,
무너지고, 사랑하고, 이별하고…. 그렇게 살아가는
생이 조금 더 아름다운 모습 아닐까?

나를 흔들어대는 세상에서 벗어나고 싶어 여행을 하고
사찰을 찾았지만 만약 삶이 나를 흔들고, 넘어뜨리고,
배반했을 때 인생이 원래 그런 것이라 여기고 타협해
살아왔다면 지금 이 순간에 내가 이 마음을 알아챌 수
있었을까?

내가 여행을 떠나며 다짐한 더 이상 흔들리고 싶지 않다는
각오의 모습이 천천히 뒤를 돌아보며 얼굴을 보여주기
시작했다. 그것은 아무에게도 무엇에도 무너지지 않는
철옹성 같은 강력한 나를 만드는 일이 아니었다.
늘 기대하며 믿고, 최선을 다해 사랑하고, 무너져도
다시 쌓고 앞으로 나아가는 나를 인정하는 것이었다.
요새와 같은 마음으로 살아간다면 분명 상처받지
않을지는 몰라도 성안에서 홀로 살아야 할 것이다.

흔들리지 않는 삶은 모두와 어울려 살아가는
세상에서 그 안에 있는 내 모습을 인정하고
스스로 믿는 것임을 알았다.

빼곡하게 들어찬
마음 서랍을 비우는 절집

영주 부석사

절집에 올 때 마음이 늘 그렇다. 쉼 없이 달려온 시간을
돌아보고, 잔뜩 채워서 틈이 없어진 좁은 마음을
정리하겠노라 해놓고선 주말 고속도로 상황과 더운
날씨에 금세 지치고 계획대로 진행되지 않는 상황에
조급해지니 말이다.

그동안의 내 마음은 정리를 하지 않고 차일피일 미뤄둔
가장 마지막 칸 서랍이었다. 버리기엔 아까워 언젠가 다시
쓰겠지 하고 쌓아둔 마음이 10년 넘게 먼지 덮인 채로
방치돼 있는 곳. 이젠 그 서랍의 용량도 한계에 도달했다.
살짝만 건드려도 아무렇게나 넣어둔 마음들이 당장
쏟아져 나올 것 같았다. 멀리 안양루가 보이는 자리에서
나 자신에게 다시 말한다. 나는 지금 이곳에 있고,
전부는 아니더라도 마음속 서랍이 조금은 가벼워지도록
정리하고 가겠노라고.

나이가 들어감에 따라 삶과 죽음은 참 가까운 곳에
있음을 절실하게 느끼고 있다. 언젠가부터 내 주변에는
새로운 생명의 탄생보다 생을 마치고 떠나는 이들이
많아지고 있다. 7년여의 시간이 지난 지금도 갑작스레
세상을 떠난 남동생을 떠올리면 가슴이 먹먹하게
막혀온다. 예기치 못한 일로 가족을 하늘로 보내는 것은
손이 닿지 않는 등허리 어딘가에 칼이 꽂히는 일이다.
그것은 영원히 아프고 피가 흐르는 상처가 된다.
매일매일 밤이 되면 가슴이 답답해 쉽게 잠들지 못했고,
길을 걷거나 운전을 하다가 눈물이 복받쳐 급하게
화장실을 찾아 들어가거나 차를 세워야 하는 날이 많았다.

법당에 들어서는 스님의 뒷모습에 왜 울컥했는지는
모르겠지만, 가만히 따라 들어가 한구석에서 삼배를
올리고 한참을 엎드려 훌쩍거렸다.

225

저녁 예불을 마치고 고요하던 법당 안이 갑자기
소란스러워졌다. 불빛에 날아든 커다란 나방 한 마리
때문이었다. 부모와 함께 예불에 참석한 아이 둘이
놀라 이리저리 뛰어다니고 나방은 아이들과 장난을
치려는지 아이들이 숨는 곳으로만 쫓아 날아다녔다.
아이들을 나무라던 아버지가 나방을 잡으려 했더니
아이들은 또 죽이지 말고 수건으로 툭툭 쳐 법당 밖으로
내보내라고 난리다. 여긴 절이라고, 그럼 안 된다고
말이다. 어디서 그런 이야길 들었는지….

아이들은 스스로 자라고 있다.
보이지 않지만 성장을 멈추지 않는 나무처럼 말이다.

부석사에서 하루를 지내고 갈 여건이 되지 않아 어둠에 든
무량수전을 사진으로 담고 내려가겠노라 허락을 받았다.
인공으로 만든 빛이 적은 산에는 해가 지고 어둠이
찾아오는가 싶더니 금세 암흑이다.
안양루 계단을 조금 내려가 자리를 잡고 카메라를 들었다.
어둠으로 카메라 설정을 조정해도 흔들림을 어쩔 수 없었다.
구도만 잡아 몇 장을 찍고 가만히 눈으로 그 순간을 담았다.

비워보겠노라 달려온 이곳에서 가벼워진 것은 없지만,
보탠 것도 없다는 것이 위로가 되고 마음이 편안해졌다.
'본래의 마음을 깨우쳐 무량수無量壽가 되면 좁아터진
마음 서랍 걱정이 없을 텐데…' 하는 생각에 피식 웃음이
나왔다.

나를 위로하는 시간이 흐르는 절

보은 법주사

짙어진 가을, 오랜만에 팔상전과 미륵불이
나란히 선 모습이 보고 싶다는 생각이 들었다.
부처님의 현생 이야기를 품은 절집을 앞에 두고
미래에 찾아올 미륵불이 뒤에 선 모습은
현재와 미래를 살아갈 우리들에게 그 모습
그대로 의미가 있는 공간이었다.

24시간을 기준으로 어제, 오늘, 내일을 과거,
현재, 미래라 할 수도 있겠지만 실상 우리는
시간의 흐름을 구별하여 그 위에 서 있는
것이 아니라 편의상 나눈 세 시간대를 동시에
살아가고 있을 뿐이다. 과거도 현재도 미래도
결국은 지금 이 순간이다.

노랗게 변한 잎이 가을볕을 받아
더 밝게 빛났다.

경내를 산책하다가 잠시 자리에 앉아 볕을 쬐고 있었다.
템플스테이에 참가한 사람들 중 한 중년의 남자분이 내
곁을 지나치며 밝은 웃음과 인사를 건넸다. 갑작스러운
인사에 엉거주춤 일어서 목례로 답했지만 내 표정은
그분처럼 밝은 미소는 담지 못했다. 누구에게나 밝게
웃으며 인사를 건네는 사람들을 보면 한편으로는 참
신기했고 한편으로는 부러웠다.

평소에도 그리 살가운 성격은 아니었지만 동생의 사고로
내 마음은 더욱더 차가워졌다. 가까운 사람들에게조차도
차가운 마음을 낯선 누군가에게 따뜻하게 드러내 보일
수 있을까? 그런 마음이 문제라고 스스로 생각하면서도
고치지 못하는 이유를 생각했다.

내가 두려워하는 것은 무엇일까? 남에게 나를 보여주는
것을 왜 스스로 금기하고 있을까? 단단히 닫힌 문 앞에
선 기분으로 자리에서 일어섰다. 그때 앞서 가던
남자분이 고개를 돌리고 나를 돌아보며 다시 웃었다.
나도 어색하지만 웃음을 지으며 합장을 했다. 얼떨결에
한 인사가 이상하게도 기분을 즐겁게 만들었다. 누군가의
웃음이 내 차가운 마음 어딘가를 조금 녹인 것 같았다.

무슨 생각이었는지 갑자기 엽서를 사고 싶었다.
요즘은 엽서를 사는 사람이 거의 없는지 법주사의
풍광이 담긴 빛이 바랜 사진 엽서 몇 장을 겨우 찾았다.
어머님께 보내고 싶은 마음으로 샀는데 첫 엽서를
받을 사람은 바로 나 자신이었다.

나를 위로하기 위해 온 여행에서 스스로에게
보낸 위로의 엽서. 일상의 순간으로 돌아가 받게 된다면
언제든 따뜻한 감정을 느꼈던 이 순간을 기억할 수
있을 것 같았다. 힘들고 지칠 때, 동생이 그리워질 때,
사랑하는 사람의 웃음이 보고 싶어질 때, 엽서를 보면
언제든 법주사의 이 시간으로 돌아갈 수 있을 것 같았다.

저녁 예불을 앞두고 치는 법고 소리에 가슴이
쿵쾅거리면서도 편안해졌다.

수수하고 포근한 미소가 가득한 절

제주 관음사

제주에도 시내버스가 있다. 너무나 당연한 이야기를
왜 하느냐고 생각하겠지만 제주도를 여행할 때 나의
유일한 교통수단은 다른 선택지 없이 늘 렌터카였다.
제주의 도로에서 수없이 많은 버스를 마주쳤지만
그 존재를 의식했던 기억이 없다. 토요일 이른 시간이라
그런지 버스에는 아무도 없었다. 큰 도로를 벗어난
버스는 금세 좁은 마을 도로를 달렸다.
시골 버스를 언제 타보았는지 기억이 가물가물했다.
고등학생 때 고모님 댁에 놀러가 탄 것이 가장
최근이었으니 25년이 훨씬 지난 일이다.

어떤 것들은 언제나 그 자리를 지키며 존재하는데도
내가 그것을 잊고 살고 있다. 물건도 장소도 사람도
그렇다. 여전히 자신의 역할을 다하며 그 자리에 있음에도
누군가에게 잊힌 그것, 그 장소, 그 사람의 마음이 어떨지
상상해본다. 인연이 닿아 있음에도 내게 잊힌 존재들에게
미안해졌다.

243

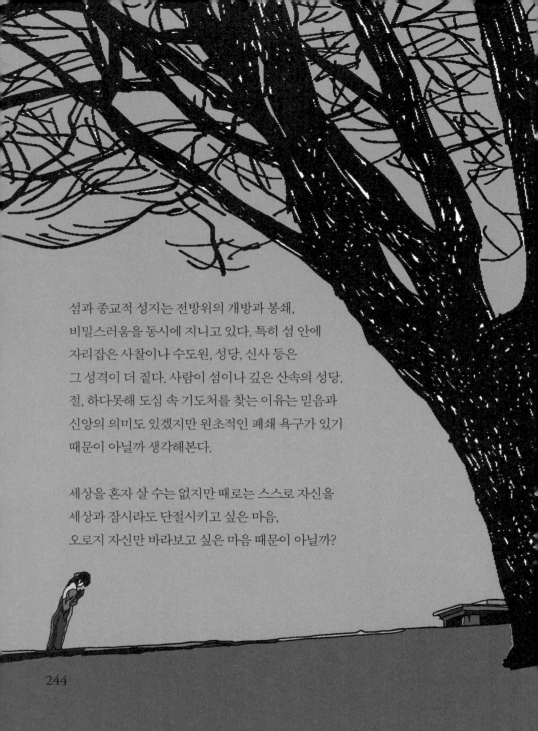

섬과 종교적 성지는 전방위의 개방과 봉쇄,
비밀스러움을 동시에 지니고 있다. 특히 섬 안에
자리잡은 사찰이나 수도원, 성당, 신사 등은
그 성격이 더 짙다. 사람이 섬이나 깊은 산속의 성당,
절, 하다못해 도심 속 기도처를 찾는 이유는 믿음과
신앙의 의미도 있겠지만 원초적인 폐쇄 욕구가 있기
때문이 아닐까 생각해본다.

세상을 혼자 살 수는 없지만 때로는 스스로 자신을
세상과 잠시라도 단절시키고 싶은 마음,
오로지 자신만 바라보고 싶은 마음 때문이 아닐까?

246

나를 포함해 유독 혼자 다니는 도보 여행자들이 많았다.
오로지 자신의 걸음에만 집중하기 위해서일 것이다.
자신의 걸음에 집중하는 것은 결국 자신을 들여다보고
싶은 마음이다. 혼자 길을 찾으며 걷다 보면 힘들고 지쳐
복잡한 생각으로부터 벗어나게 된다. 몸은 힘들지만
오히려 머리는 편안해지고 고요해진다. 자연의 소리와
자신의 숨소리만 들리는 깊은 숲길에 홀로 있어보면
걷는 여행의 약효가 온몸에 퍼지는 것을 느낄 수 있다.

'나'만 들여다보는 시간은
여행이 깊어지고 길어질수록 점차 확대되어
세상을 바라보는 눈으로 바뀐다.

작은 탁자를 앞에 두고 모여 차를 마시며 담소를 나누고
있는 듯한 모습의 석불 곁에 앉았다. 관음사의 공간 배치가
포근하게 가슴 여기저기를 쓰다듬어주는 기분이었다.
편안함과 행복감이 내 주위를 감싸고 있었다.

우리는 식당에 앉아 밥을 주문하고 주문한 식사가
나오지도 않았는데 이미 식사 후에 할 일을 생각하는
삶에 익숙해져 있다. 바쁘고 성실하게 사는 듯 보이지만
그것은 겨우 당장의 시간을 견뎌내고 있을 뿐이라는
생각이 들었다. 바쁘게 사느라 그 삶의 의미와 가치,
꿈을 생각할 겨를이 없다.
어찌 될지 모를 미래의 행복을 위해 당장의 행복을
외면하고 산다는 것. 지난날 꿈꾸었던 미래의 행복이
지금 이 순간일지도 모르는데, 아직은 아니라고
뒤로 미루며 살고 있다.

수행자들은 '비움'의 길을 찾고 있다.
자신을 비우고 비워 얻으려는 것은 어쩌면 아무것도
채우지 않는 삶이 아니라 끝없이 채울 수 있는 여유,
현재의 모든 것에 만족하는 삶일지 모른다. 어떤 것은 있어서
좋고, 또 어떤 것은 없어서 좋으며, 많은 것에 만족하고,
부족한 것도 아쉬워하지 않는 마음을 발견하는 것 말이다.

249

없음으로도 충만할 수 있음을
깨우쳐주는 절

진도 쌍계사

처음 쌍계사란 이름을 듣고 순간 착각을 한 것 같았다.
내게 익숙한 쌍계사는 진도가 아니라 하동에 있다는 것을
알면서도 자동차를 몰고 가는 중간중간 하동 쌍계사를
떠올리며 길이 낯설다는 생각을 했다.

동백나무가 울창한 작은 고개를 넘어 역시 동백나무
숲에 안긴 듯 자리잡은 작은 평지 사찰이었다.
특별한 것이 없음으로 마음을 편하게 했던 진도처럼
눈을 확 잡아끄는 것은 없지만 머물고 싶게 하는
소박하고 아름다운 절이었다.

일주문을 지나 사천왕문으로 들어서면 출구에 해탈문
현판이 걸려 있다. "절이 좋아 그런가 순식간에 불국에
도달하는 것 같네."라는 친구의 말에 기분 좋게 웃었다.

특별할 것이 없는 공간을 특별하게 하는 마법은
그곳에 사는 사람들이 부린다.

사찰 입구에서 만난 노인이 그랬고, 마당을 쓸고
있던 등산복 차림의 20대 청년의 웃음이 그랬다.
길에서 마주치는 낯선 이방인에게 웃으며 인사를
건네고, 스스로 우러난 마음으로 비를 들고
절 마당을 청소하는 사람들이 사는 곳이 부럽다.

청년은 사용한 빗자루를 해탈문 뒤편에 가지런히
눕히고 그 위에 꽃 한 송이를 올려둔 채 산으로
걸어 올라갔다.

삶의 동력은 무엇일까? 내게 있어 그것은 여행일
것이다. 지친 일상을 끌고 가는 힘, 힘든 고비를
견디게 하는 에너지. 그것은 전기 자전거의
모터처럼 생을 멈추지 않게 지지해주고 있다.

대웅전 지붕을 받치고 있는 빛바랜 용머리를
보다가 낮에 뜬 달에 눈이 멈췄다. 파란 하늘과
흰 달, 낡은 나무 조각이 마음을 고요하게 만들었다.
낮에도 달은 늘 그 자리에 있지만 알아볼 수 없다.

자신을 드러내지 않고 늘 존재하는 것들의
소중함을 아는 나이가 되면 나도 다른 이들에게
달 같은 사람이 될 수 있을까?

우리의 일상은 매일 뻔한 것 같지만 사실은 너무나 정교하다.

빈틈없이 돌아가는 일상의 기계에 생긴 조그만 틈에 여행이
스미면, 힘들게 얻은 틈을 충분히 누리겠다는 마음이 들어
여행도 정교하고 빡빡해진다. 정신없이 돌아보고 오는 비행기에
앉으면 며칠 동안 철야근무를 마치고 늦은 밤 버스 좌석에
털썩 주저앉은 기분이 든다.

무심하게 앉아 책을 읽거나 느리게 산책하는 게 전부인
쌍계사에서는 일상의 틈을 풍요롭게 하는 법을 배우는 것 같다.
방금 바닥에 떨어진 장미를 들어 탑에 가만히 올려두고 합장
인사를 올렸다. 빠듯한 틈 사이에 다녀온 풍성한 여행이 감사했다.

혼자 있는 시간의 소중함을 발견한
절에서의 하룻밤

경주 기림사

설렘과 즐거움을 더욱 크게 주는 것은 예상치 않은,
예측이 불가능한 여행이 아닐까?

경주 기림사에서의 하룻밤은 어찌 보면 굉장히
즉흥적으로 결정되었다. 원래도 철저하게 계획된
여행을 하는 편은 아니었지만 특별한 여정도 이유도
없이 가는 여행은 처음이었다. 하루 전날 기림사에
템플스테이를 예약하고 열차를 예매했다. 그냥 경주에
가고 싶다는 마음이었으나 덜컥 예약을 끝내니 걱정이
뒤따랐다. 어디로 가는지도 모르는 출발 직전의
비행기에 태워진 기분이었지만 마음만은 홀가분했다.

혼자 떠나는 여행의 최대 장점은 침묵의 가치를 발견하는 것이다.
말을 줄이면 생각이 깊어지게 마련이고 생각이 깊어지면
행동이 조심스러워진다. 그만큼 작은 것을 신중하게 받아들이고
살펴보게 된다. 나를 드러낼 수 있는 것을 하나라도 줄이면
그만큼의 여백으로 자신과 주변을 살필 여유가 생긴다.
소리 없는 법당에 앉아 있는 무료함이 따뜻하고 편안했다.

길이 없던 곳에 새로운 길을 만들었다면 모르겠지만
세상의 길은 아주 오래전부터 수많은 사람의 걸음
아래 있었다. 우리가 매일 걷는 동네의 골목길도
역사를 따져보면 수백 년, 수천 년 된 길일지도 모른다.
하지만 세상의 모든 길이 세계문화유산이 되거나
전 세계인이 열광하며 찾는 곳은 아니다.
특별한 길은 그 길에 담긴 의미와 그 길을 걸었던
사람들의 마음이 만든다.

신라 문무왕의 장례의 길이었고, 그의 아들이
아버지를 찾을 때 걸었던 왕의 길이 템플스테이 숙소
뒤편에 있었다. 한적한 숲길을 걸으니 2010년 처음
스페인 산티아고 순례길에서 첫걸음을 내디뎠을 때
두근거렸던 순간이 다시 가슴을 두드리는 것 같았다.

그리고 한참을 걸어 세상의 소리를 모두 삼키는
용연폭포와 그것을 가만히 바라보는 불면佛面바위
앞으로 가 오랫동안 서 있었다.

잠깐 누워 있으려 했는데 어느새 잠이 들었던지 예불을
알리는 종소리에 눈을 떴다. 서둘러 자리를 정리하고 방을
나섰다. 파랗던 하늘과 강렬했던 태양은 물러서고 있었다.

걸음은 서두르고 있었지만, 내가 만드는 걸음 소리가 듣기
좋았다. 그냥 이대로 오래 걷고 싶었다.

갑자기 마음이 동해 달려온 기림사에서는 아무것도 아닌
일상이 다 특별한 것만 같았다. 하루를 쪼개고 쪼개 사느라
허덕이던 나는 이곳에서의 느긋한 순간에 일상의 소중함,
특별함을 새삼 느끼고 있었다.

부처님이 사는 땅에서 보낸 하루

경주 남산 옥룡암

마을 입구 도로변에 차를 세우고 개울을 거슬러 마을
골목을 벗어나면 바로 숲이 시작되고 작은 돌다리가
나온다. 여느 절처럼 일주문을 지나 숲길을 걷는
즐거움을 누릴 시간은 없었다. 일주문도 천왕문도 없이
들어선 경계에 부처님이 계신 극락 '안양安養'이 눈앞에
있는 셈이었다. 마음의 준비를 하기도 전에 확 들어서
어리둥절했지만 일주문, 천왕문, 해탈문을 지나는
것을 당연히 여기는 헛생각에 찬물을 뒤집어쓰고 나니
시원하고 개운했다.

옥룡암은 작은 암자라 둘러볼 것도 없이 한눈에 모든 것이
들어왔다. 수수하고 단정하게 관리된 뜰을 지나 대웅전
앞에 서면 왼쪽으로 우뚝 솟은 바위가 보이는데 동서남북
4면에 부처, 탑, 승려, 연꽃 등 불교의 요소를 모두 담은
탑곡마애불상군이다. 거대한 바위가 압도하는 힘 때문인지
암자가 확장되어 산 전체가 불국이 되어 있었다.

마애불 주변 공터에 앉아 담소를 나누는 사람,
홀로 돌 의자에 앉아 가만히 생각에 잠긴 사람,
가벼운 차림으로 트레킹을 하는 사람,
마애불 앞에서 무릎을 꿇고 절을 올리는
모든 이들의 모습이 극락의 한순간인 것 같았다.

나는 마애불바위 남면으로 오르는 길에 있는
삼층석탑 아래 자리를 잡고 드로잉북을 펼쳤다.
오랜만에 현장에서 펜을 들 수 있어 들뜨기도 했지만
잠시나마 불국에 도달한 사람이 된 것 같은 기분이 더 좋았다.

276

마애불 앞에는 붉은 꽃이 핀 작은 화분이 놓여져
있었는데 지나치는 사람마다 합장을 하고 한참을
그 자리에 머무르는 모습이 보였다. 그림 그리기를
멈추고 탑과 마애불 주변을 어슬렁거리다가 나도 손을
모으고 고개를 숙였다. 특별한 원이 있는 것은 아니었지만
요즘 내 주변을 둘러싸고 있는 불안감이 사라지길 빌었다.

어두워질 무렵 불곡에 도착했다. 별다른 유적은 없는
곳이지만 감실 안에 온화한 표정으로 다소곳이 앉아 있는
여래좌상이 보고 싶었다. 초를 밝힌 석실 안에서 가만히
미소 지으며 눈을 감은 듯한 표정에 가슴이 뭉클하고 또
따뜻해졌다.

마음속 어딘가에서 소리가 들리는 것 같았다.

'모두가 힘들구나. 나 또한 그러하다.
잠시 쉬고 또 걸어가거라.'

모든 것을 잠시 멈추고 바라보는 절

안동 봉정사

만세루 전체와 파란 하늘을 한 화면에 담으려면 광각 렌즈가
필요했다. 하지만 요즘엔 50밀리미터 기본 렌즈만 들고
여행을 다니고 있다. 대상을 밀착해서 담고 싶으면 가까이
다가가고, 전체의 모습을 담고 싶으면 화면에 들어오는
거리만큼 멀어지면 된다는 기본에 충실해지고 싶어서다.
파인더를 들여다보며 한 걸음 두 걸음 뒤로 물러서다가
돌을 잘못 밟아 미끄러져 그대로 주저앉았다. 그런데 바닥에
앉아 올려다본 바로 그 풍경이 내가 원했던 장면이었다.

시련에 약해지는 게 사람이다. 위기 앞에서 기본을 지키고
순리를 따르는 일은 어렵지만 결국 그것이 멈추지 않고
발전하는 길이다.

뒷모습에도 표정이 있다. 자신이 볼 수 없기에 숨기거나 꾸며낼 수도 없다. 여행 사업을 하는 친구는 밝게 웃는 얼굴과 활기찬 목소리로 신나게 여행을 따라나섰지만 처진 어깨와 망설이는 듯한 걸음걸이, 힘없이 카메라를 든 손이 불안함과 자신 없음을 보여주고 있었다.

친구와 눈이 마주칠 때마다 위로와 격려의 말이 목구멍까지 여러 번 올라왔지만 잡을 수 없는 허망한 말들뿐이라 삼켰다. 차라리 실없는 웃음을 함께 짓는 게 더 낫다는 생각이 들었다. 눈물 없이 울고 있는 누군가에겐 말 없는 위로가 가장 좋은 선택이 아닐까?

잠을 뒤척이다가 새벽 예불 시간을 놓칠 것 같아
일찍 자리를 정리했다. 안개 긴 새벽, 별은 보이지 않고
푸르스름한 달이 얼핏 보였다. 조용히 방을 빠져나왔다.
도량을 밝히는 소리가 정갈하게 들리고 전각에 불이
하나둘 켜졌다.

그 순간 눈이 내리면 좋을 것 같다는 생각이 설핏 들었다.
대웅전 입구에서 안을 빼꼼히 들여다보니 새벽 예불
준비가 한창이었다. 문틈으로 온기가 뿜어져 나오는 것은
착각이었겠지만 새벽에 자신을 찾아와 손을 모으고
엎드려 앉을 중생들을 기다린 부처님의 마음이 대웅전
안에 가득한 것 같았다.

예불을 마치고 숙소로 돌아가는 길에 새벽 공기를
마셨더니 잠이 완전히 사라져버렸다. 만세루 너머는
안개로 아무것도 보이지 않았다. 차가운 나무 바닥의
기운이 찌릿하게 다리를 타고 올라왔지만 세상이 멈춘 것
같은 잠시의 시간이 편안했다.

아무런 생각 없이 한참을 눈을 감고 있었다고 생각했는데
시간은 고작 9분이 지났을 뿐이었다. 생각을 비우고 머리가
맑아지는 데 꼭 긴 시간이 필요한 것은 아닐 것이다.
어디서든 가슴이 답답한 날 따뜻한 차를 앞에 두고 가만히
이 순간을 상상하면 세상을 맑은 눈으로 바라볼 수 있을
것만 같다.

하얀 달이 하늘과 바다에 뜨면
오롯한 섬이 되는 절

서산 간월암

서산 간월암은 이번이 네 번째 방문이었다. 다른 여정 중에
들러 돌아보려 했던 간월암은 언제나 섬이 되어 있었다.

눈앞에 있으나 닿을 수 없는 그곳은 더 애틋하고 간절한
섬이 되어 나를 돌려세웠다. 간월암이 보이는 언덕에서
바다 위에 뜬 절을 오랜 시간 바라봤다.

그런 간월도, 간월암이 오늘은 길을 열고 육지가 되어 나를
바라본다. 오래 기다렸다고, 이제 만날 때가 되었다고 하는
듯 맑은 하늘 아래 가만히 서서 기다리고 있다.

295

저녁이 되면서 다시 간월은 섬이 된다.
종일 많은 중생들이 들고 들어온 원이 절 마당에,
관음전에, 산신당에 가득가득하다.
늘 닿지 않는 곳에 있기에 사람들이 안고 오는
원의 크기가 더 많고 무거운가 보다.

하얀 달이 하늘과 바다에 뜨면 오롯한 섬이 되어
중생들이 두고 간 마음을 푸른 바다에 섞는다.
그러면 바다는 더 파랗게 변하고, 가벼워진 절집은
내일 아침 길을 열어 무거운 짐을 지고 오는
이들을 받아줄 것이다.

달 둘, 절 하나, 캔버스에 아크릴, 53cm ×40cm, 2014

딴 생각, 캔버스에 아크릴, 33cm×24cm, 2014

세상을 일희일비하며 살지 말라고 한다.
부모와 스승, 선배, 친구, 내가 만나온 사람들
모두가 그것이 옳다고 말했다.
그리고 나 스스로도 자신을 억제하며 살아야
한다고 생각했고 그렇게 살아왔다.

그런데 왜?
그렇게 사는 것만이 옳은 것일까?
즐거운 일에 웃고 행복하고,
슬프고 속상한 일에 아쉬워하고 아파하며
사는 것이 더 솔직하고 건강한 삶이 아닐까?
이제 조금은 일희일비하며 살고 싶다.
절 마당에 매달려 자유롭게 흔들리는
물고기 등처럼,
최소한 여행의 순간만이라도.

한 해가 저물어갈 무렵 다시 간월암을 찾았다.
지난번에 이어 다섯 번째다.

세상이 멈춘 것 같은 답답함에 늦은 오후 목적지
없이 고속도로에 올랐다. 자동차에 앉아 바라볼 수
있는 절집을 떠올리니 간월암이 첫 번째로 생각났다.
섬이 된 간월은 눈을 소복하게 덮고 푸른 바다 위에
앉아 있을 것 같았다.

간월암이 보이는 언덕엔 아무도 없었다.
소나무 사이로 보이는 간월은 가로등처럼 켜진
보름달 아래 상상했던 그 모습 그대로 낮은 지붕
위에 눈을 이고 앉아 있었다. 푸른 밤에 뜬 달은
그리운 것들을 한가득 떠올리게 만들었다.

새벽이 되고 섬은 육지가 되었다. 달빛을 받아 하얗게
밝아진 길을 걸어 절집에 올라 부처님 앞에 엎드렸다.
그리고 가만히 눈을 감고 손을 모았다. 올해에는
모든 것이 순리대로 흘러가길 바라고 또 바랐다.

달 하나, 절집 하나, 캔버스에 아크릴, 오일 73cm×53cm, 2020

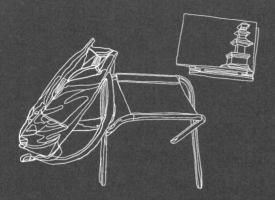

그동안의 내 마음은
정리를 하지 않고 차일피일 미뤄둔
가장 마지막 칸 서랍이었다.
버리기엔 아까워
언젠가 다시 쓰겠지 하고
쌓아둔 마음이 10년 넘게
먼지 덮인 채로 방치돼 있는 곳.

나 자신에게 다시 말한다.
나는 지금 이곳에 있고,
전부는 아니더라도 마음속 서랍이
조금은 가벼워지도록
정리하고 가겠노라고.

그곳에는
아무것도 하지
않아도 되는
자유가 있다

처마 끝 풍경이
내게 물었다

초판 1쇄 발행 2021년 7월 16일
초판 2쇄 발행 2021년 7월 23일

✷
지은이   배종훈
펴낸이   오세룡
편집   전태영 정해원 유나리 박성화 손미숙
기획   최은영 곽은영 김희재
디자인   쿠담디자인
               고혜정 김효선 장혜정
홍보·마케팅   이주하

✷
펴낸곳   담앤북스
               서울특별시 종로구 새문안로3길 23
               경희궁의 아침 4단지 805호
               대표전화 02)765-1251
               전송 02)764-1251
               전자우편 damnbooks@hanmail.net

✷
출판등록 제300-2011-115호

✷
ISBN 979-11-6201-301-4 (03980)
정가 16,000원